もくじ

東京書籍版
新編 新しい算数
2年 準拠

JN081633

教科書 上

きほん 1

教科書⊕8〜11ページ

月　　日

1　わかりやすく　あらわそう

/100点

1 下の　絵を　見て　答えましょう。

❶　どうぶつの　数を、右の　グラフに　○で　あらわしましょう。　1つ12〔36点〕

❷　どうぶつの　数を、下の　ひょうに　あらわしましょう。　1つ11〔44点〕

どうぶつの　数

どうぶつ	馬	やぎ	牛	うさぎ
数				

❸　いちばん　多い　どうぶつは、何ですか。　〔10点〕

（　　　　　　　　　）

❹　同じ　数の　どうぶつは、何と　何ですか。　〔10点〕

（　　　　　　　　　）

どうぶつの　数

○			
○			
○			
○			
○			
馬	やぎ	牛	うさぎ

答えは
65ページ

東書版・算数2年—**3**

1　わかりやすく あらわそう

/100点

1 2年1組と 2組で すきな くだものを 聞いて、人数を グラフに あらわしました。

すきな くだものと 人数　　　　すきな くだものと 人数

1組

		○		
○				
○		○	○	
○	○	○	○	
○	○	○	○	○
○	○	○	○	○
りんご	ぶどう	いちご	みかん	もも

2組

			○	
			○	
			○	○
○			○	○
○	○		○	○
○	○	○	○	○
○	○	○	○	○
りんご	ぶどう	いちご	みかん	もも

❶ 1組で みかんが すきな 人は 何人ですか。〔30点〕

（　　　　　　　）

❷ 1組と 2組 ぜんたいで、すきな 人の 数が いちばん 多い くだものは 何ですか。〔30点〕

（　　　　　　　）

❸ 1組の ほうが すきな 人が 多い くだものは 何ですか。ぜんぶ 書きましょう。〔40点〕

（　　　　　　　）

答えは
65ページ

きほん 2

教科書 ⊕12〜18ページ

月　日

10分

2 たし算の しかたを 考えよう
❶ たし算⑴
❷ たし算⑵①

／100点

1 つぎの 計算を しましょう。　　　　1つ10〔30点〕

❶
```
    3 5
  + 2 4
```

❷
```
      8
  + 7 1
```

❸
```
    1 5
  + 6 9
```

2 つぎの 計算を しましょう。　　　　1つ10〔60点〕

❶
```
   3 2
 + 5 6
```

❷
```
   4 0
 + 2 6
```

❸
```
     4
 + 5 5
```

❹
```
   2 3
 + 4 8
```

❺
```
   1 6
 + 4 7
```

❻
```
   3 4
 + 5 9
```

3 そうたさんは、43円の あめと 52円の ラムネを 買います。だい金は いくらに なりますか。　　〔10点〕

【しき】

【ひっ算】

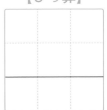

答え（　　　　　　　）

2 たし算の しかたを 考えよう

❶ たし算 (1)
❷ たし算 (2) ①

／100点

1 つぎの 計算を しましょう。

1つ10〔60点〕

① 43+51

② 17+82

③ 62+6

④ 7+80

⑤ 68+29

⑥ 16+57

2 南小学校の 2年生は、1組が 29人、2組が 32人です。あわせて 何人ですか。

〔20点〕

【しき】

【ひっ算】

答え（　　　　　　）

3 答えが 80より 大きく なる しきは どれですか。すべて えらびましょう。

〔20点〕

㋐ 54+27　㋑ 36+48　㋒ 17+62　㋓ 68+15

㋔ 40+39　㋕ 65+18　㋖ 23+54　㋗ 6+73

（　　　　　　）

答えは
65ページ

2 たし算の しかたを 考えよう
❷ たし算⑵②
❸ たし算の きまり

／100点

1 つぎの 計算を しましょう。　　　1つ8〔48点〕

① 　44
　＋36

② 　49
　＋ 4

③ 　71
　＋ 9

④ 　18
　＋42

⑤ 　 7
　＋55

⑥ 　 3
　＋67

2 つぎの 計算を しましょう。　　　1つ8〔32点〕

① 35＋25

② 9＋11

③ 12＋58

④ 84＋6

3 計算しなくても、答えが 同じに なる ことが
わかる しきを 見つけて、線で むすびましょう。

1つ5〔20点〕

36＋21	17＋42	63＋12	24＋71
・	・	・	・
・	・	・	・
42＋17	71＋24	21＋36	12＋63

答えは
65ページ

2 たし算の しかたを 考えよう
❷ たし算 (2) ②
❸ たし算の きまり

1 つぎの 計算を しましょう。　　　　1つ10〔60点〕

① 78+12

② 21+9

③ 84+8

④ 6+44

⑤ 5+67

⑥ 17+63

2 りんさんは どんぐりを 21こ もって いました。
今日 19こ ひろいました。どんぐりは、ぜんぶで
何こに なりましたか。　　　　〔20点〕　　【ひっ算】

【しき】

答え（　　　　　　　　）

3 計算しなくても、答えが 同じに なる ことが
わかる しきを 見つけて、線で むすびましょう。

1つ5〔20点〕

| 14+47 | 47+41 | 41+44 | 43+7 |

| 44+41 | 7+43 | 47+14 | 41+47 |

答えは
65ページ

3 ひき算の しかたを 考えよう

❶ ひき算(1)

❷ ひき算(2)①

／100点

1 つぎの 計算を しましょう。

1つ10〔30点〕

❶
```
    4 5
  - 2 1
```

❷
```
    6 7
  -   5
```

❸
```
    8 6
  - 5 8
```

2 つぎの 計算を しましょう。

1つ10〔60点〕

❶
```
  7 8
- 3 0
```

❷
```
  9 3
- 8 3
```

❸
```
  4 7
- 4 3
```

❹
```
  5 9
-   6
```

❺
```
  7 3
- 3 7
```

❻
```
  9 5
- 6 8
```

3 ゆうきさんは、88円 もって います。
62円の ガムを 買うと、のこりは いくらですか。〔10点〕

【しき】

【ひっ算】

答え（　　　　　　　　）

教科書 ⊕ 24〜30 ページ　　　月　　日

3　ひき算の　しかたを　考えよう

❶ ひき算(1)
❷ ひき算(2)①

⏱10分

／100点

1　つぎの　計算を　しましょう。

1つ10〔60点〕

❶ 75−31

❷ 46−42

❸ 98−4

❹ 67−7

❺ 52−50

❻ 81−45

2　56円の　ノート、32円の　けしゴム、
35円の　えんぴつ、37円の　色紙が　あります。1つ20〔40点〕

❶ ノートと　えんぴつの　ねだんの　ちがいは
いくらですか。

【しき】

【ひっ算】

答え（　　　　　　）

❷ 71円で、色紙と　どれか　もう1つ　買います。
どれが　買えますか。

【しき】

【ひっ算】

答え（　　　　　　）

答えは
66ページ

きほん 5

3 ひき算の しかたを 考えよう

❷ ひき算 ⑵ ②

❸ ひき算の きまり

⟋100点

1️⃣ つぎの 計算を しましょう。　　　1つ8〔48点〕

①
```
   7 0
-  3 8
```

②
```
   3 7
-  2 9
```

③
```
   6 0
-  5 4
```

④
```
   7 0
-    6
```

⑤
```
   5 1
-    5
```

⑥
```
   8 1
-    9
```

2️⃣ つぎの 計算を しましょう。　　　1つ8〔32点〕

① 50−16

② 83−74

③ 61−7

④ 80−8

3️⃣ つぎの ひき算の 答えの たしかめに なる たし算の しきは どれですか。線で むすびましょう。　　　1つ5〔20点〕

| 57−35 | 83−40 | 64−56 | 49−7 |

・　　　　　・　　　　　・　　　　　・

・　　　　　・　　　　　・　　　　　・

| 8+56 | 22+35 | 42+7 | 43+40 |

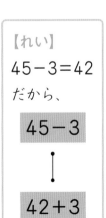

【れい】

45−3=42

だから、

45−3

│

42+3

答えは
66ページ

3 ひき算の しかたを 考えよう
❷ ひき算(2)②
❸ ひき算の きまり

／100点

1 つぎの　計算を　しましょう。　　　　　　1つ10〔30点〕

❶ 34−29　　　❷ 80−14　　　❸ 92−4

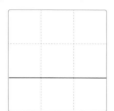　　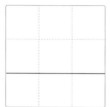　　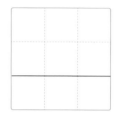

2 つぎの　計算を　しましょう。　　　　　　1つ10〔40点〕

❶ 90−73　　　　　　　❷ 43−35

❸ 86−9　　　　　　　❹ 70−3

3 校ていで　あそんで　いる　1年生の　数は　20人で、
2年生の　数は　18人です。1年生と　2年生の
人数の　ちがいは　何人ですか。また、たし算を　して
答えを　たしかめましょう。　　　　　　　　　〔30点〕

【しき】　　　　　　　　【ひっ算】　　【たしかめ】

答え(　　　　　　　)

答えは
66ページ

どんな　計算に　なるのかな？

／100点

1 公園に　おとなが　14人、子どもが　21人　います。
ぜんぶで　何人　いますか。　〔25点〕

【しき】

答え（　　　　　　　　）

2 なわとびを　たくみさんは　39回　とびました。
あおいさんの　とんだ　回数は、たくみさんより　7回
少ないそうです。あおいさんは　何回　とびましたか。

【しき】　〔25点〕

答え（　　　　　　　　）

3 スプーンを　1本　もって　いる　子どもが　9人
います。スプーンは、あと　18本　あります。
スプーンは、ぜんぶで　何本　ありますか。　〔25点〕

【しき】

答え（　　　　　　　　）

4 青い　花が　25本、白い　花が　31本　さいて
います。どちらの　花が、何本　多く　さいて　いますか。

【しき】　〔25点〕

答え（　　　　　　　　）

かくにん 6

教科書 ㊤ 36 ページ

月　　日

10分

どんな　計算に　なるのかな？

／100点

1 どんぐりを　あやさんは　45こ、ゆいとさんは　38こ　ひろいました。2人で　何この　どんぐりを　ひろいましたか。〔25点〕

【しき】

答え（　　　　　）

2 じゃんけんで　みゆさんは　27回　かちました。ゆなさんの　かった　回数は、みゆさんより　6回　少ないそうです。ゆなさんは　何回　かちましたか。〔25点〕

【しき】

答え（　　　　　）

3 8人の　子どもが　1さつずつ　本を　かりました。本は、あと　27さつ　あります。本は、ぜんぶで　何さつ　ありますか。〔25点〕

【しき】

答え（　　　　　）

4 赤えんぴつが　62本、青えんぴつが　47本　あります。どちらの　えんぴつが、何本　多いですか。〔25点〕

【しき】

答え（　　　　　　　　　　　　　　　）

答えは 66ページ

4　長さを　はかって　あらわそう
❶ 長さの　たんい

／100点

1 ものさしで　直線の　長さを　はかりましょう。1つ10〔20点〕

① ———————————————————

（　　　　　）

② ———————————————————

（　　　　　）

2 左はしから、㋐、㋑、㋒、㋓までの　長さと　同じ
長さを、線で　むすびましょう。　　　1つ15〔60点〕

① **7cm8mm**　② **7mm**　③ **34mm**　④ **6cm**
・　　　　　・　　　　　・　　　　　・

・　　　　　・　　　　　・　　　　　・
㋐　　　　㋑　　　　㋒　　　　㋓

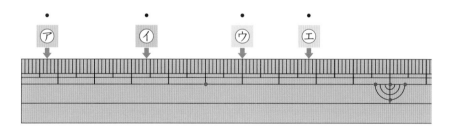

3 （　）に　あてはまる　長さの　たんいを
書きましょう。　　　1つ10〔20点〕

① ダンボールの　あつさ……5（　　　　　）

② クリップの　長さ…………2（　　　　　）

かくにん 7

4 長さを はかって あらわそう
❶ 長さの たんい

／100点

1 下の 直線の 長さは 何mm ですか。　1つ10〔30点〕

❶ ——————————————　❶ (　　　　　　　)

❷ ——————————　❷ (　　　　　　　)

❸ ——————　❸ (　　　　　　　)

2 つぎの 長さの 直線を ひきましょう。　1つ10〔20点〕

❶ 4cm　　　　　　❷ 3cm3mm

3 □に あてはまる 数を 書きましょう。　1つ5〔10点〕

❶ 4cm は、1cm の □ つ分の 長さです。

❷ 1mm の 17こ分の 長さは □ mm です。

また、その 長さは、□ cm □ mm です。

4 □に あてはまる 数を 書きましょう。　1つ10〔40点〕

❶ 10cm＝□ mm　❷ 64mm＝□ cm □ mm

❸ 80mm＝□ cm　❹ 3cm9mm＝□ mm

答えは
66ページ

きほん **8**

4　長さを　はかって　あらわそう
❷ 長さの　計算

／100点

1 2本の　直線が　あります。　　　　　　　　1つ20〔40点〕

あ ━━━━━━━━　　5cm

い ━━━━━━━━　6cm2mm

❶ あと　いの　直線を　つなげると、長さは
どれだけに　なりますか。　　　　（　　　　　　　）

❷ あと　いの　どちらの　直線が　どれだけ
長いでしょうか。

（　　　　　　　　　　　　）

2 □に　あてはまる　数を　書きましょう。　　1つ10〔40点〕

❶ 22cm8mm＋6cm＝□cm□mm

❷ 14cm3mm−9cm＝□cm□mm

❸ 5mm＋9cm4mm＝□cm□mm

❹ 4cm8mm−6mm＝□cm□mm

3 長さが　25cmの　リボンが　あります。18cm
つかうと、のこりは　何cmですか。　　　　　〔20点〕

【しき】　　　　　　　　　　　　答え（　　　　　　　）

答えは
67ページ

かくにん **8**

4　長さを　はかって　あらわそう
❷ 長さの　計算

／100点

1 □に　あてはまる　数を　書きましょう。　1つ14〔70点〕

❶　13cm4mm＋5cm＝ ☐ cm ☐ mm

❷　14cm6mm−7cm＝ ☐ cm ☐ mm

❸　2mm＋4cm3mm＝ ☐ cm ☐ mm

❹　8cm9mm−4mm＝ ☐ cm ☐ mm

❺　6mm＋7mm＝ ☐ mm＝ ☐ cm ☐ mm

2 あの　線と　いの　線の　長さを　くらべましょう。　1つ10〔30点〕

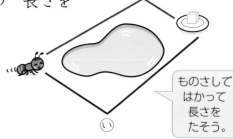

ものさしで　はかって　長さを　たそう。

❶　あの　線の　長さは　どれだけですか。

（　　　　　　　　）

❷　いの　線の　長さは　どれだけですか。

（　　　　　　　　）

❸　あと　いの　線の　長さの　ちがいは　どれだけですか。

（　　　　　　　　）

答えは
67ページ

月 日 10分

きほん 9

5 100より 大きい 数を しらべよう
❶ 数の あらわし方と しくみ

／100点

1 数字で 書きましょう。　1つ7〔28点〕

❶ 八百八 （　　　　　　）　❷ 四百 （　　　　　　）

❸ 七百二十 （　　　　　　）　❹ 六百十一 （　　　　　　）

2 □に あてはまる 数を 書きましょう。　1つ9〔36点〕

❶ 716の 百のくらいの 数字は □ 、十のくらいの

数字は □ 、一のくらいの 数字は □ です。

❷ 280は 100を □ こ、10を □ こ

あわせた 数です。

❸ 100を 3こ、1を 8こ あわせた 数は

□ です。

❹ 1000は 100を □ こ あつめた 数です。

3 □に あてはまる 数を 書きましょう。　□1つ6〔36点〕

❶
ⓐ□　ⓑ□　　　　ⓒ□
608　　　611　612　　　614　615

❷
ⓔ□　　　　ⓞ□　　　　ⓚ□
650　　750　800　　900　950

答えは
67ページ

5　100より　大きい　数を　しらべよう
❶ 数の　あらわし方と　しくみ

／100点

1 □に　あてはまる　数を　書きましょう。　　□1つ8〔40点〕

❶ 10を　39こ　あつめた　数は　□　です。

❷ 470は　10を　□こ　あつめた　数です。

❸ 659は、600と　50と　9を　あわせた　数です。
この　ことを、しきに　あらわすと、

659＝□＋□＋□

となります。

2 下の　数の線を　見て　答えましょう。

❶（　）1つ10、❷〜❹10〔60点〕

```
 500  600  700  800  900  1000
 |||||||||||||||||||||||||||||||||||
      ↑          ↑          ↑
      あ          い          う
```

❶　あ、い、うの　数を　書きましょう。

あ（　　　　　）　い（　　　　　）　う（　　　　　）

❷ 800は　あと　いくつで
1000に　なりますか。　　　　　（　　　　　）

❸ 1000より　10　小さい　数は
いくつですか。　　　　　　　　（　　　　　）

❹ 970を　あらわす　めもりに、↑を　かきましょう。

答えは
67ページ

5　100より　大きい　数を　しらべよう
❷ 何十、何百の　計算
❸ 数の　大小

／100点

1▶ □に　あてはまる　数を　書きましょう。　□1つ4〔16点〕

❶ 60+70の　計算は、10が □ +7と　考えます。

答えは、10が　13こで □ です。

❷ 130−80の　計算は、10が　13− □ と　考えます。

答えは、10が　5こで □ です。

2▶ つぎの　計算を　しましょう。　1つ8〔64点〕

❶ 40+70　　　　　❷ 140−60

❸ 300+600　　　 ❹ 800−300

❺ 400+20　　　　❻ 709−9

❼ 500+8　　　　 ❽ 520−20

3▶ □に　あてはまる　＞、＜を　書きましょう。　1つ5〔20点〕

❶ 397 □ 405　　　 ❷ 687 □ 678

❸ 809 □ 801　　　 ❹ 101 □ 98

答えは
67ページ

5　100より　大きい　数を　しらべよう
❷ 何十、何百の　計算
❸ 数の　大小

/100点

1▶ つぎの　計算を　しましょう。　　　　1つ8〔32点〕

❶　200+400　　　　　　❷　160−70

❸　800+5　　　　　　　❹　1000−100

2▶ 色紙が　140まい　あります。70まい　つかうと、
のこりは　何まいですか。　　　　　　　　　　〔10点〕

【しき】

答え（　　　　　　　）

3▶ やまとさんは、60円の　けしゴムと　90円の
ノートを　買いました。だい金は　いくらでしたか。〔10点〕

【しき】

答え（　　　　　　　）

4▶ □に　あてはまる　＞、＜、＝を　書きましょう。

1つ8〔32点〕

❶　70+90 □ 150　　　　　❷　670−70 □ 600

❸　109 □ 30+80　　　　　　❹　58 □ 150−90

5▶ □に　あてはまる　数字を　ぜんぶ　書きましょう。〔16点〕

748 ＞ 7□8

（　　　　　　　）

答えは
67ページ

6　水の　かさを　はかって　あらわそう

／100点

1 水とうに　入る　水の　かさを、1dLの　ますを
つかって　しらべました。水の　かさは　どれだけですか。

1つ10〔20点〕

❶

（　　　　　　　）

❷

（　　　　　　　）

2 □に　あてはまる　数を　書きましょう。

1つ10〔20点〕

❶ 1L＝□ mL　　❷ 80dL＝□ L

3 □に　あてはまる　数を　書きましょう。

1つ10〔40点〕

❶ 3L＋2L4dL＝□ L □ dL

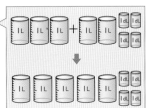

❷ 5L3dL－2L＝□ L □ dL

❸ 4L3dL＋6dL＝□ L □ dL

❹ 6L8dL－7dL＝□ L □ dL

4 （　）に　あてはまる　かさの　たんいを　書きましょう。

1つ10〔20点〕

❶ ふろの　よくそうに　入った　水…200（　　　　　　　）

❷ かんに　入った　ジュース…………250（　　　　　　　）

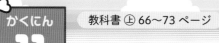

6　水の かさを はかって あらわそう

／100点

1 つぎの 水の かさは 何L 何dL ですか。　1つ10〔20点〕

❶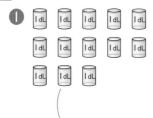

❷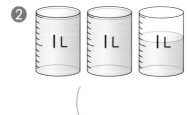

(　　　　　　　　)　　(　　　　　　　　)

2 □に あてはまる 数を 書きましょう。　1つ5〔10点〕

❶ 7L = [　　] dL

❷ 49 dL = [　　] L [　　] dL

3 □に あてはまる 数を 書きましょう。　1つ10〔40点〕

❶ 2L3dL + 3L = [　　] L [　　] dL ◁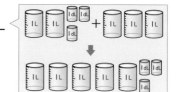

❷ 6L4dL − 6L = [　　] dL

❸ 5dL + 5L2dL = [　　] L [　　] dL

❹ 3L7dL − 3dL = [　　] L [　　] dL

4 □に あてはまる ＞、＜を 書きましょう。　1つ10〔30点〕

❶ 4L5dL [　　] 54dL

❷ 10L [　　] 20dL

❸ 1000mL [　　] 1L100mL

答えは
67ページ

きほん **12**

教科書 ⊕ 76〜79 ページ

月　　日

7　時計を　生活に　生かそう

／100点

1 右の　時計を　見て、答えましょう。　　　1つ10〔30点〕

❶　何時何分ですか。

（　　　　　　　　　）

❷　|時間前の　時こくは
何時何分ですか。

（　　　　　　　　　）

❸　30分後の　時こくは　何時何分ですか。

（　　　　　　　　　）

2 □に　あてはまる　数を　書きましょう。　　1つ10〔40点〕

❶　|時間＝□分　　❷　|時間50分＝□分

❸　|日＝□時間　　❹　75分＝□時間□分

3 つぎの　時間を　もとめましょう。　　　1つ10〔30点〕

❶　午前7時35分から
午前7時45分までの　時間　　（　　　　　　）

❷　午前9時30分から
午前|0時までの　時間　　　（　　　　　　）

❸　午後4時から
午後6時までの　時間　　　（　　　　　　）

東書版・算数2年ー**25**

答えは
68ページ

7　時計を　生活に　生かそう

／100点

1 右の　時計を　見て、答えましょう。
1つ15〔30点〕

朝　学校に
ついた　時こく

❶　朝　学校に　ついた　時こくを
午前、午後を　つかって
書きましょう。（　　　　　　　　　　）

❷　午後3時に　学校を　出ました。学校に
いた　時間は　何時間ですか。（　　　　　　　）

2 □に　あてはまる　数を　書きましょう。
1つ10〔40点〕

❶　2時間＝ [　　] 分　　❷　65分＝ [　　] 時間 [　　] 分

❸　午前は [　　] 時間です。　❹　午後は [　　] 時間です。

3 家から　公園まで　10分、公園から　えきまで　20分
かかります。つぎの　時こくを　答えましょう。　1つ15〔30点〕

❶　公園に　9時に　つくには、家を　何時何分に
出れば　よいですか。
（　　　　　　　　　　）

❷　公園を　10時20分に　出ると、えきには
何時何分に　つきますか。
（　　　　　　　　　　）

答えは
68ページ

8 計算の しかたを くふうしよう
❶ たし算の きまり
❷ たし算と ひき算の くふう

1 16+7+3の 計算を するとき、しおんさんは
7+3を 先に 計算しました。　　　　1つ10〔20点〕

❶ しおんさんの 考えに 合うように、下の しきに
(　　)を 書きましょう。

16 ＋ 7 ＋ 3

❷ しおんさんの 考えで 計算して、答えを
もとめましょう。　　　　　　　　(　　　　　　)

2 **1**のように くふうして 計算しましょう。　　1つ10〔40点〕

❶ 19+2+8　　　　　❷ 37+4+6

❸ 8+5+25　　　　　❹ 26+17+3

3 くふうして 計算しましょう。　　　　1つ10〔40点〕

❶ 56+7　　　　　❷ 73−8

❸ 38+9　　　　　❹ 66−7

答えは
68ページ

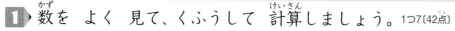

8　計算の　しかたを　くふうしよう

❶ たし算の　きまり
❷ たし算と　ひき算の　くふう

／100点

1 数を　よく　見て、くふうして　計算しましょう。 1つ7〔42点〕

❶ 9＋8＋42

❷ 17＋36＋4

❸ 15＋7＋23

❹ 28＋59＋2

❺ 33＋29＋11

❻ 25＋47＋25

2 でん車に　14人　のって　います。さいしょの
えきで　19人　のって　きました。つぎの　えきで
11人　のって　きました。ぜんぶで　何人に
なりましたか。　　　　　　　　　　　　　　　〔16点〕

【しき】

答え（　　　　　　　　）

3 くふうして　計算しましょう。 1つ7〔42点〕

❶ 63＋8

❷ 34−9

❸ 4＋48

❹ 45−6

❺ 6＋78

❻ 50−5

答えは
68ページ

きほん 14

教科書 ㊤ 86～90 ページ　　月　　日　　10分

9 ひっ算の　しかたを　考えよう

❶ たし算の　ひっ算
❷ れんしゅう

／100点

1 つぎの　計算を　しましょう。　1つ7〔42点〕

❶ $\begin{array}{r} 42 \\ +\,93 \\ \hline \end{array}$　❷ $\begin{array}{r} 63 \\ +\,71 \\ \hline \end{array}$　❸ $\begin{array}{r} 97 \\ +\,22 \\ \hline \end{array}$

❹ $\begin{array}{r} 50 \\ +\,63 \\ \hline \end{array}$　❺ $\begin{array}{r} 37 \\ +\,90 \\ \hline \end{array}$　❻ $\begin{array}{r} 89 \\ +\,50 \\ \hline \end{array}$

2 りかさんは、84円の　チョコレートと　30円の
ガムを　買いました。あわせて　いくらでしたか。　〔16点〕

【しき】

【ひっ算】

答え（　　　　）

3 つぎの　計算を　しましょう。　1つ7〔42点〕

❶ $\begin{array}{r} 66 \\ +\,78 \\ \hline \end{array}$　❷ $\begin{array}{r} 93 \\ +\,57 \\ \hline \end{array}$　❸ $\begin{array}{r} 19 \\ +\,84 \\ \hline \end{array}$

❹ $\begin{array}{r} 68 \\ +\,37 \\ \hline \end{array}$　❺ $\begin{array}{r} 96 \\ +\;\;8 \\ \hline \end{array}$　❻ $\begin{array}{r} 7 \\ +\,93 \\ \hline \end{array}$

答えは
68ページ

教科書 ⊕ 86〜90 ページ　　月　　日

9　ひっ算の　しかたを　考えよう

❶ たし算の　ひっ算
❷ れんしゅう

／100点

1 つぎの　計算を　しましょう。 1つ10〔60点〕

❶ 54＋65

❷ 90＋43

❸ 79＋87

❹ 64＋36

❺ 47＋55

❻ 4＋96

2 そらさんの　家では、ミニトマトを　きのうは　95こ、今日は　きのうより　8こ　多く　とりました。

今日は　何こ　とりましたか。 〔20点〕

【しき】

【ひっ算】

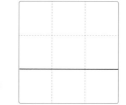

答え（　　　　　　　　　）

3 下の　しきの　□に　あてはまる　数は　どれですか。

⑦、⑦、⑦、①、⑦から　すべて　えらびましょう。 〔20点〕

46＋□＞100 （　　　　　　　　　）

| ⑦ 46 | ⑦ 49 | ⑦ 53 | ① 55 | ⑦ 60 |

答えは
68ページ

きほん 15

9 ひっ算の しかたを 考えよう
❸ ひき算の ひっ算

／100点
10分

1 つぎの 計算を しましょう。　　　　　1つ8〔48点〕

❶
```
  1 3 6
−   7 4
```

❷
```
  1 2 8
−   3 8
```

❸
```
  1 5 4
−   6 1
```

❹
```
  1 8 0
−   8 3
```

❺
```
  1 0 5
−   3 7
```

❻
```
  1 0 1
−     5
```

2 つぎの 計算を しましょう。　　　　　1つ8〔32点〕

❶ 162−72

❷ 143−85

❸ 130−39

❹ 100−6

3 えんぴつが 108本 ありました。29人の 子どもに 1本ずつ くばりました。えんぴつは 何本 のこって いますか。　　　　〔20点〕

【しき】

【ひっ算】

答え（　　　　　）

答えは
68ページ

月　　　日

9　ひっ算の　しかたを　考えよう
❸ ひき算の　ひっ算

／100点

1 つぎの　計算を　しましょう。　　　　　　　1つ8〔64点〕

① 167−76　　　　　② 143−70

③ 108−92　　　　　④ 123−45

⑤ 176−87　　　　　⑥ 150−59

⑦ 102−77　　　　　⑧ 104−6

2 ひなさんは、37円の　えんぴつと　45円の
ノートを　買うので、100円を　出しました。

① だい金は　いくらですか。　　　　　　　　　〔12点〕

【しき】

答え（　　　　　　　　　　）

② おつりは　いくらですか。また、たし算を　して
答えを　たしかめましょう。　　　　　　　　〔24点〕

【しき】　　　　　　　　【ひっ算】　　　【たしかめ】

答え（　　　　　　）

答えは
68ページ

9 ひっ算の しかたを 考えよう
❹ 大きい 数の ひっ算

／100点

1 つぎの 計算を しましょう。 1つ8〔32点〕

①
```
   6 4 5
 +   3 2
```

②
```
   2 8 6
 -   4 5
```

③
```
     2 7
 + 3 4 8
```

④
```
   7 3 2
 -     6
```

2 つぎの 計算を しましょう。 1つ8〔48点〕

①
```
   7 4 6
 +   2 1
```

②
```
   4 5 6
 -   3 4
```

③
```
   5 0 7
 +   4 8
```

④
```
     9
 + 9 2 1
```

⑤
```
   6 8 1
 -   3 3
```

⑥
```
   8 5 3
 -     7
```

3 435円の 本と 62円の
ノートを 買います。
　　だい金は いくらですか。 〔20点〕

【しき】

答え（　　　　　）

【ひっ算】

答えは 69ページ

かくにん **16**

9　ひっ算の　しかたを　考えよう
❹ 大きい　数の　ひっ算

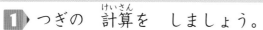

／100点

1 つぎの　計算を　しましょう。　　　　　1つ7〔42点〕

①
```
  864
+  35
```

②
```
  687
-  31
```

③
```
   68
+409
```

④
```
  303
+   7
```

⑤
```
  591
-  46
```

⑥
```
  742
-   4
```

2 つぎの　計算を　しましょう。　　　　　1つ7〔42点〕

① 41+736　　　　　② 465-32

③ 604+89　　　　　④ 6+547

⑤ 985-68　　　　　⑥ 312-5

3 色紙が　284まい　あります。78まい　つかうと、のこりは　何まいですか。　〔16点〕　　【ひっ算】

【しき】

答え（　　　　　）

答えは
69ページ

10　さんかくや　しかくの　形を　しらべよう
❶ 三角形と　四角形

／100点

1 直線だけで　かこまれた　形は　どれですか。すべて
えらんで　○を　つけましょう。　〔20点〕

ア　イ　ウ　エ　オ　カ

2 □に　あてはまる　ことばを　書きましょう。　1つ10〔40点〕

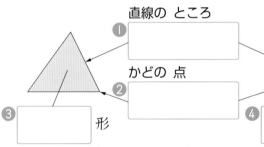

直線の ところ　❶

かどの 点　❷

❸ 　形
3本の 直線で かこまれた 形

❹ 　形
4本の 直線で かこまれた 形

3 へんを　かきたして、つぎの　形を　かきましょう。

1つ20〔40点〕

❶ 三角形を　2つ　　　❷ 四角形を　2つ

答えは
69ページ

10 さんかくや しかくの 形を しらべよう
❶ 三角形と 四角形

／100点

1 下の 図で、つぎの 形は どれですか。それぞれ
すべて えらびましょう。

1つ17〔51点〕

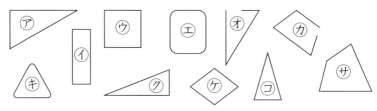

❶ 三角形　　　　　　　　　　（　　　　　　　　　　）

❷ 四角形　　　　　　　　　　（　　　　　　　　　　）

❸ 三角形でも 四角形でも　　（　　　　　　　　　　）
　　ない 形

2 □に あてはまる 数を 書きましょう。

1つ17〔34点〕

❶ 三角形には、へんは ☐つ、ちょう点は ☐つ
あります。

❷ 四角形には、へんは ☐つ、ちょう点は ☐つ
あります。

3 右の 形は 三角形とは いえません。
その わけを 書きましょう。　〔15点〕

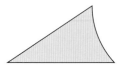

（　　　　　　　　　　　　　　　　　　　）

答えは
69ページ

10　さんかくや　しかくの　形を　しらべよう
❷ 長方形と　正方形

／100点

1 右の　三角じょうぎの　かどで、直角に　なって　いるのは
どこですか。すべて
えらびましょう。〔10点〕

（　　　　　　　）

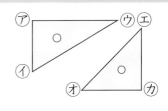

2 □に　あてはまる　ことばを　書きましょう。□1つ10〔30点〕

❶　正方形は、4つの　かどが　みんな　[　　　　　　]で、

4つの　[　　　　　　]の　長さが　みんな　同じです。

❷　直角の　かどが　ある　三角形を、

[　　　　　　]と　いいます。

3 下の　図で、長方形、正方形、直角三角形は
どれですか。それぞれ　すべて　えらびましょう。1つ20〔60点〕

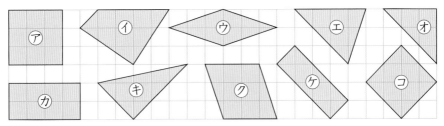

❶　長方形　　　❷　正方形　　　❸　直角三角形

（　　　）　（　　　）　（　　　）

10 さんかくや しかくの 形を しらべよう

❷ 長方形と 正方形

／100点

1 下の 方がん紙の 1めもりを 1cmとして、つぎの 形を かきましょう。

1つ20〔40点〕

❶ 1つの へんの 長さが 3cmの 正方形

❷ たて 2cm、よこ 4cmの 長方形

1 cm
1 cm

❶

❷

2 右の 図の 四角形は 長方形です。図の 中に 直角三角形は いくつ ありますか。　〔20点〕

（　　　　　）

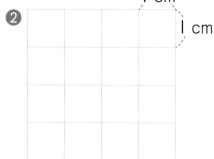

3 下の 図の □に あてはまる 数を 書きましょう。

1つ10〔40点〕

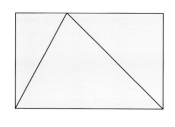

5 cm

4 cm　長方形

❷ □ cm

❶ □ cm

7 cm

正方形

❹ □ cm

❸ □ cm

答えは
69ページ

11 新しい 計算を 考えよう

❶ かけ算

／100点

1 右の 絵を 見て 答えましょう。

❶❸25❷1つ10〔70点〕

❶ リフト 1台に 何人ずつ のって いますか。（　　　　）

❷ つぎの 数の リフトに のって いるのは、それぞれ 何人ですか。

　　あ 3台分（　　　　）　　　い 5台分（　　　　）

❸ リフト 6台分に のって いる 人数を もとめる かけ算の しきと 答えを 書きましょう。

2	×		=		答え		人

1つ分の 数　　いくつ分　　ぜんぶの 数

2 つぎの ものの 3ばいは 何こですか。かけ算の しきに 書いて、答えを もとめましょう。

1つ10〔30点〕

❶ □ × □ = □　　答え □ こ

❷ □ × □ = □　　答え □ こ

❸ □ × □ = □　　答え □ こ

答えは 69ページ

教科書 ⊤ 2〜12 ページ

月　　日

11 新しい 計算を 考えよう
❶ かけ算

/100点

1 1パックに プリンが 3こずつ 入って います。2パック分の プリンの 数を あらわす しきは どれですか。〔20点〕

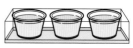

⑦ 2×2　　④ 3×2
⑦ 2×3　　⑤ 3×3

(　　　　　)

2 □に あてはまる 数を 書きましょう。　1つ20〔40点〕

❶ 4×5の 答えは、4+4+4+4+□の 計算で もとめられ、□に なります。

❷ 7×3の 答えは、□+□+□の 計算で もとめられ、□に なります。

3 かけ算の しきに 書いて、答えを もとめましょう。　1つ20〔40点〕

❶ 5人の 3ばいは 何人ですか。
【しき】

答え(　　　　　)

❷ 2本の 6ばいは 何本ですか。
【しき】

答え(　　　　　)

答えは
69ページ

11　新しい　計算を　考えよう
❷ 5のだん、2のだんの　九九

／100点

1 バナナは　ぜんぶで　何本 ありますか。
かけ算の　しきに　書きましょう。

1つ10〔30点〕

❶ 　　　　5×2＝☐

❷ 　　5×☐＝☐

❸ 　☐×☐＝☐

2 ケーキが　1さらに　2こずつ
のって　います。

1つ15〔30点〕

❶ 3さら分の　ケーキの　数を、
かけ算で　もとめましょう。

【しき】 2×☐＝☐　　　答え（　　　　　）

❷ 4さら分の　ケーキの　数を、
かけ算で　もとめましょう。

【しき】　　　　　　　　　　答え（　　　　　）

3 つぎの　計算を　しましょう。

1つ10〔40点〕

❶ 5×6　　　　　❷ 2×5

❸ 5×9　　　　　❹ 2×7

答えは
70ページ

教科書 ⑦ 13～16 ページ　　　　月　　日

11　新しい　計算を　考えよう
❷ 5のだん、2のだんの　九九

1 つぎの　カードの　上の　しきに　合う　答えを、
下から　えらんで　線で　むすびましょう。　　1つ10〔40点〕

❶ 2×6　　　❷ 5×7　　　❸ 5×5　　　❹ 2×8

・　　　　　・　　　　　・　　　　　・

・　　　　　・　　　　　・　　　　　・

㋐ 16　　　㋑ 25　　　㋒ 12　　　㋓ 35

2 あめを　1人に　2こずつ　くばります。7人に
くばるには、あめは　ぜんぶで　何こ　いりますか。〔20点〕
【しき】

答え（　　　　　　　　）

3 アイスクリームが　1はこに　5こずつ　入って
います。　　　　　　　　　　　　　　　　　1つ20〔40点〕

❶ 3はこ分の　アイスクリームの　数は、何こですか。
【しき】

答え（　　　　　　　　）

❷ 6はこ分の　アイスクリームの　数は、何こですか。
【しき】

答え（　　　　　　　　）

答えは
70ページ

月　　日

⏱10分

きほん 21

11　新しい　計算を　考えよう
❸　3のだん、4のだんの　九九

／100点

1 1台の　自どう車に　3人ずつ　のります。❶❸8❷1つ8〔40点〕

❶　自どう車が　6台の　とき、ぜんぶで　何人
のれますか。

$$3×6=\boxed{}\qquad \boxed{}\ 人$$

❷　7台から　9台まで、のれる　人数を　じゅんに
もとめましょう。

　　㋐　7台　　　　　$3×7=\boxed{}\qquad\boxed{}\ 人$

　　㋑　8台　　　$3×\boxed{}=\boxed{}\qquad\boxed{}\ 人$

　　㋒　9台　　$\boxed{}×\boxed{}=\boxed{}\qquad\boxed{}\ 人$

❸　自どう車が　1台　ふえると、のれる
人数は　何人　多く　なりますか。
　　　　　　　　　　　　　　$\left(\right)$

2 つぎの　計算を　しましょう。　　　　　1つ10〔60点〕

❶　4×1　　　　　　　　❷　4×3

❸　4×7　　　　　　　　❹　4×5

❺　4×9　　　　　　　　❻　4×2

答えは
70ページ

11 新しい 計算を 考えよう
❸ 3のだん、4のだんの 九九

／100点

1 □に あてはまる 数を 書きましょう。　1つ10〔20点〕

❶ 3のだんの 九九では、かける数が 1 ふえると、
答えは □ ふえます。

❷ □ のだんの 九九では、かける数が 1 ふえると、
答えは 4 ふえます。

2 つぎの カードの 上の 答えに 合う しきを、
下から えらんで 線で むすびましょう。　1つ10〔40点〕

❶ 16　　❷ 32　　❸ 15　　❹ 12

・　　　　・　　　　・　　　　・

・　　　　・　　　　・　　　　・

㋐ 3×4　　㋑ 3×5　　㋒ 4×4　　㋓ 4×8

3 1本 3cmの リボンを 3本 作ります。
リボンは 何cm いりますか。　〔20点〕

【しき】

答え（　　　　　）

4 1日に 4ページずつ 本を 読むと、6日間では
何ページ 読めますか。　〔20点〕

【しき】

答え（　　　　　）

答えは 70ページ

12 九九を つくろう
❶ 6のだん、7のだんの 九九

／100点

1 まん中の 数に、まわりの
数を かけた 答えを
書きましょう。　1つ5〔40点〕

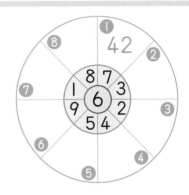

2 6のだんの 九九に ついて 答えましょう。　1つ10〔20点〕

❶ 6のだんの 九九では、かける数が 1 ふえると、
答えは いくつ ふえますか。　　（　　　　　）

❷ 6×3と 答えが 同じに なる、
3のだんの 九九を 書きましょう。　（　　　　　）

3 つぎの 計算を しましょう。　1つ5〔40点〕

❶ 7×4　　　　　　　❷ 7×9

❸ 7×5　　　　　　　❹ 7×7

❺ 7×3　　　　　　　❻ 7×6

❼ 7×2　　　　　　　❽ 7×8

答えは
70ページ

12　九九を　つくろう

❶ 6のだん、7のだんの　九九

1 みかんが　7こずつ　6れつ　ならんで　います。
□に　あてはまる　数を　書いて、3人の　計算の
しかたを　せつ明しましょう。　　　　　　　□1つ10〔50点〕

〔ななみ〕　たし算で、

$$7+7+7+7+7+7=\boxed{}❶$$

〔あおい〕　5×6の　答えと

$$\boxed{}❷×6の　答えを$$

$$たして　\boxed{}❸$$

〔えいた〕　6のだんの　九九で、$\boxed{}❹×7=\boxed{}❺$

2 □に　あてはまる　数を　書きましょう。　　1つ10〔20点〕

❶ 6×8の　答えは、6×7の　答えより　$\boxed{}$　大きい。

❷ 7×9の　答えは、7×8の　答えより　$\boxed{}$　大きい。

3 1チーム　6人の　バレーボールの　チームを　4つ
つくるには、ぜんぶで　何人　いれば　よいですか。〔30点〕

【しき】

答え（　　　　　　　　　　）

答えは
70ページ

12 九九を つくろう

❷ 8のだん、9のだん、
1のだんの 九九

／100点

1 まん中の 数に、まわりの
数を かけた 答えを
書きましょう。   1つ5〔40点〕

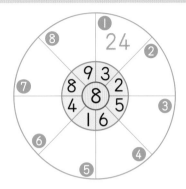

2 しきを 書いて 答えを もとめましょう。   1つ15〔30点〕

❶ 1円玉 3まいで 何円に なりますか。

【しき】

答え（　　　　　　　　）

❷ あつさ 1cmの 本を 8さつ つみかさねると、
高さは ぜんぶで 何cmに なりますか。

【しき】

答え（　　　　　　　　）

3 つぎの 計算を しましょう。   1つ5〔30点〕

❶ 9×2   ❷ 9×5

❸ 9×7   ❹ 9×4

❺ 9×9   ❻ 9×3

12　九九を　つくろう
❷ 8のだん、9のだん、1のだんの　九九

/100点

1 □に　あてはまる　数を　書きましょう。　1つ10〔20点〕

❶ 8×6の　答えは、8×5の　答えより　□　大きい。

❷ 9×3の　答えは、9×2の　答えより　□　大きい。

2 1まい　8円の　画用紙が　あります。　1つ15〔30点〕

❶ 4まい　買うと、いくらに　なりますか。

【しき】

答え（　　　　　　　）

❷ 7まい　買うと、いくらに　なりますか。

【しき】

答え（　　　　　　　）

3 1人に　1本ずつ　えんぴつを　くばります。9人に　くばるには、えんぴつは　ぜんぶで　何本　いりますか。

【しき】　　　　　　　　　　　　　　　　　〔25点〕

答え（　　　　　　　）

4 子どもが　8人　います。あめを　1人に　9こずつ　くばります。あめは、ぜんぶで　何こ　いりますか。〔25点〕

【しき】

答え（　　　　　　　）

答えは
70ページ

10分

12 九九を つくろう
❸ 九九の ひょうと きまり
❹ ばいと かけ算　❺ もんだい

／100点

1 九九の ひょうを 見て
答えましょう。 1つ20(60点)

	かける数								
	1	2	3	4	5	6	7	8	9
1	1	2	3	4	5	6	7	8	9
2	2	4	6	8	10	12	14	16	18
3	3	6	9	12	15	18	21	24	27
4	4	8	12	16	20	24	28	32	36
5	5	10	15	20	25	30	35	40	45
6	6	12	18	24	30	36	42	48	54
7	7	14	21	28	35	42	49	56	63
8	8	16	24	32	40	48	56	64	72
9	9	18	27	36	45	54	63	72	81

かけられる数

❶ 8のだんの
九九では、かける数が
1 ふえると、答えは
いくつ ふえますか。

（　　　　　）

❷ 7×3と 答えが 同じに なる 九九を
書きましょう。

（　　　　　）

❸ 答えが 18に なる 九九を、ぜんぶ 書きましょう。

（　　　　　　　　　　　　　）

2 しゃしんを 右のように
アルバムに はりました。
しゃしんは、ぜんぶで
何まいですか。九九を
つかって くふうして
もとめましょう。 〔40点〕

【しき】

答え（　　　　　）

教科書 ⓣ 37〜43 ページ　　　　月　　　日

12 九九を つくろう
❸ 九九の ひょうと きまり
❹ ばいと かけ算　❺ もんだい

／100点

1 下の 図を 見て 答えましょう。　　　1つ10〔20点〕

ア ▭
イ ▭
ウ ▭
エ ▭

❶ ⑦の テープの 2ばいの 長さの
テープは どれですか。　　　　（　　　）

❷ ㋐の テープの 長さは 4cmです。　（　　　）
㋒の テープの 長さは 何cmですか。

2 上と 下で、答えが 同じに なる カードを、
線で むすびましょう。　　　1つ10〔40点〕

❶ 8×2　❷ 8×3　❸ 4×9　❹ 7×6

㋐ 6×6　㋑ 2×8　㋒ 6×7　㋓ 4×6

3 13×3の 答えを 下のように 考えて それぞれ
もとめましょう。　　　1つ20〔40点〕

❶ 13を □ こ たすと、13+13+13=□

❷ 13×3=3×13 だから、
3×13=□

		かける数				
		9	10	11	12	13
かけられる数	3	27	30	33	36	

答えは
71ページ

13　1000より　大きい　数を　しらべよう
（1000より　大きい　数を　しらべよう①）

／100点

1 いくつですか。数字で
書きましょう。　〔10点〕

1000　1　1000　1000　1000　1　1000　10　1000　1000　1　1000

（　　　　　　　　）

2 6904の　つぎの　くらいの　数字は　何ですか。

1つ9〔36点〕

❶　千のくらい　（　　　　　）　　❷　百のくらい　（　　　　　）

❸　十のくらい　（　　　　　）　　❹　一のくらい　（　　　　　）

3 数字で　書きましょう。　1つ9〔36点〕

❶　千五百七十三　　　　　　❷　四千三百九

（　　　　　　　）　　　　　　　　　（　　　　　　　）

❸　三千七百六十四　　　　　❹　六千二

（　　　　　　　）　　　　　　　　　（　　　　　　　）

4　□の　文を　しきに　あらわしましょう。　1つ9〔18点〕

❶　7039は、7000と　30と　9を　あわせた　数です。

7039＝ □ ＋ □ ＋ □

❷　4000と　20を　あわせた　数は、4020です。

□ ＋ □ ＝4020

教科書 ⓣ 50〜55 ページ　　月　　日

13　1000より　大きい　数を　しらべよう
（1000より　大きい　数を
しらべよう ①）

／100点

1 □に　あてはまる　数を　書きましょう。　　1つ20〔80点〕

① 1000を　7こ、1を　3こ　あわせた　数は、

　　□ です。

② 3608は、1000を □ こ、100を □ こ、

　　1を □ こ　あわせた　数です。

③ 千のくらいの　数字が　3、百のくらいの　数字が
7、十のくらいの　数字が　4、一のくらいの　数字が
8の　数は、□ です。

④ 8270は、8000と　200と　70を　あわせた
数です。この　ことを、しきに　あらわすと、

　　8270＝ □ ＋ □ ＋ □

となります。

2 いくつですか。数字で　書きましょう。　　1つ10〔20点〕

①
| 100 100 100 |
| 100 100 100 100 |
| 1000 100 100 100 100 |
1 1
1 1 1

（　　　　　）

②
100 100 100	10 10 10	1 1 1
1000 100 100 100	10 10 10	1 1 1
1000 100 100 100	10 10 10	1 1 1 1

（　　　　　）

答えは
71ページ

きほん **26**

13 1000より 大きい 数を しらべよう
（1000より 大きい 数を
しらべよう ②）

月　　日

10分

／100点

1 □に あてはまる 数を 書きましょう。　　1つ10〔20点〕

❶ 100を 15こ あつめた 数は ［　　　　　］です。

❷ 2700は、100を ［　　　］こ あつめた 数です。

2 つぎの もんだいに 答えましょう。　　1つ10〔30点〕

❶ 8000は、あと いくつで
10000に なりますか。　　（　　　　　）

❷ 10000より 10 小さい
数は いくつですか。　　（　　　　　）

❸ 10000は、1000を 何こ
あつめた 数ですか。　　（　　　　　）

3 下の 数の線を 見て 答えましょう。

❶、❸1つ10❷（　）1つ10〔50点〕

```
5000   6000   7000   8000   9000   10000
|꘎꘎꘎꘎꘎|꘎꘎꘎꘎꘎|꘎꘎꘎꘎꘎|꘎꘎꘎꘎꘎|꘎꘎꘎꘎꘎|
      ↑あ          ↑い          ↑う
```

❶ いちばん 小さい 1めもりは、
いくつを あらわして いますか。　　（　　　　　）

❷ あ〜うの めもりが あらわす 数は いくつですか。

あ（　　　　　）　い（　　　　　）　う（　　　　　）

❸ 8900を あらわす めもりに、↑を かきましょう。

答えは
71ページ

13　1000より　大きい　数を　しらべよう

（1000より　大きい　数を
しらべよう ②）

／100点

1 つぎの　計算を　しましょう。　　　　　1つ7〔28点〕

❶ 700＋600　　　　❷ 400＋800

❸ 900－500　　　　❹ 1000－300

2 つぎの　数を　書きましょう。　　　　　1つ6〔12点〕

❶ 8899より　1　大きい　数　　（　　　　　）

❷ 10000より　1　小さい　数　（　　　　　）

3 □に　あてはまる　＞、＜を　書きましょう。　　1つ6〔12点〕

❶ 4567 □ 4675　　　❷ 5089 □ 5090

4 □に　あてはまる　数を　書きましょう。　□1つ6〔48点〕

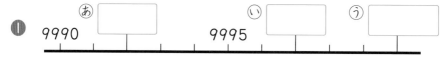

❶ ㋐（　　　）　9990　　　9995　　　㋑（　　　）　㋒（　　　）

❷ ㋔（　　　）　4900　　　4950　　　㋕（　　　）　5000

❸ ㋖（　　　）　9000　　　㋗（　　　）　㋘（　　　）　10000

答えは
71ページ

月　　日

10分

きほん
27

14　長い　長さを　はかって　あらわそう

／100点

1 テーブルの　よこの　長さを　30cmの　ものさしで　はかったら、ちょうど　4つ分　ありました。

1つ15〔30点〕

❶　テーブルの　よこの　長さは　何cmですか。

(　　　　　　　　)

❷　テーブルの　よこの　長さは、1mより　何cm　長いですか。

(　　　　　　　　)

2 □に　あてはまる　数を　書きましょう。

1つ10〔20点〕

❶　300cm＝□ m　　❷　1m80cm＝□ cm

3 □に　あてはまる　数を　書きましょう。

1つ15〔30点〕

❶　2m30cm＋5m＝□ m □ cm

❷　7m9cm−4m＝□ m □ cm

4 (　)に　あてはまる、長さの　たんいを　書きましょう。

1つ10〔20点〕

❶　本の　よこの　長さ　‥‥‥‥‥‥　18(　　　)

❷　プールの　長さ　‥‥‥‥‥‥　25(　　　)

14　長い　長さを　はかって　あらわそう

／100点

1 □に　あてはまる　数を　書きましょう。　　1つ12〔72点〕

① 8mは、1mの □ つ分の　長さです。

② 1cmの　130こ分の　長さは □ cmです。

　また、その　長さは、□ m □ cmです。

③ 7m＝ □ cm

④ 295cm＝ □ m □ cm

⑤ 6m75cm＝ □ cm

⑥ 1mの　ものさしで　3つ分の　長さと、30cmの
　ものさしで　2つ分の　長さを　あわせると、長さは
　□ m □ cm です。

2 1本が　35cmの　テープを　3本　まっすぐ
つなぐと、何cmに　なりますか。また、それは
何m何cmですか。

（　）1つ14〔28点〕

（　　　　cm）（　　m　　cm）

答えは
71ページ

15　図を つかって 考えよう

/100点

1▶ みくさんは、シールを 40まい もって います。
友だちに 何まいか もらったので、ぜんぶで
60まいに なりました。
　友だちに 何まい もらいましたか。

❶ □に
あてはまる 数を
書きましょう。
□1つ10〔20点〕

はじめ あ □ まい　もらった □まい
ぜんぶで い □ まい

❷ しきと 答えを 書きましょう。　〔30点〕

【しき】

答え（　　　　　　　）

2▶ プールで 何人か およいで いました。14人
帰ったので、のこりが 16人に なりました。
　プールには、はじめに 何人 いましたか。

❶ □に
あてはまる 数を
書きましょう。
□1つ10〔20点〕

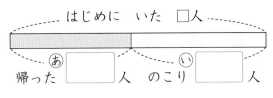

はじめに いた □人
帰った あ □人　のこり い □人

❷ しきと 答えを 書きましょう。　〔30点〕

【しき】

答え（　　　　　　　）

月　　日

15　図を　つかって　考えよう

/100点

1 かごに　かきと　くりが　35こ　入って　います。
そのうち、かきは　17こです。くりは　何こですか。〔25点〕

ぜんぶで 35 こ

かき 17 こ　くり □ こ

【しき】

答え（　　　　　　）

2 もんだいを　15だい　ときましたが、まだ　17だい
のこって　います。もんだいは、はじめに　何だい
ありましたか。〔25点〕【しき】

はじめ □だい

といた 15だい　のこり 17だい

答え（　　　　　　）

3 色紙を　19まい　買ったので、ぜんぶで　45まいに
なりました。はじめに　何まい　もって　いましたか。〔25点〕

はじめ □まい 買った 19まい

ぜんぶで 45 まい

【しき】

答え（　　　　　　）

4 リボンを　7m　つかいましたが、まだ　8m
のこって　います。リボンは、はじめに　何m
ありましたか。〔25点〕【しき】

答え（　　　　　　）

答えは
72ページ

16　分けた　大きさの　あらわし方を　しらべよう
❶ 分数
❷ ばいと　分数

 ／100点

1 色を　ぬった　ところが　もとの　大きさの　$\frac{1}{2}$に
なって　いる　図は　どれですか。　　　〔20点〕

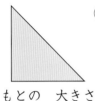
もとの　大きさ

 ㋐

 ㋑

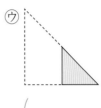 ㋒

(　　　　　)

2 下の　図を　見て、答えましょう。　　1つ20〔40点〕

もとの
大きさ

 ㋐

❶　㋐の　大きさは、もとの
　　大きさの　何分の一ですか。
(　——　)

❷　もとの　大きさは、㋐の
　　大きさの　何ばいですか。
(　　　　　)

3 つぎの　長さに　色を　ぬりましょう。　　1つ20〔40点〕

もとの　長さ

❶　もとの　長さの　$\frac{1}{2}$

❷　もとの　長さの　$\frac{1}{3}$

かくにん **29**

教科書 ⓕ 80〜87 ページ

月　　日

10分

16　分けた　大きさの　あらわし方を　しらべよう
❶ 分数
❷ ばいと　分数

／100点

1 つぎの　図を　見て　答えましょう。　　　　　1つ15〔60点〕

⑦	
⑦	
⑦	
⑦	

❶ テープ⑦の　$\dfrac{1}{4}$の　長さの　テープは、□です。

❷ テープ⑦は、テープ⑦の　□ばいの　長さです。

❸ テープ□の　$\dfrac{1}{2}$の　長さの　テープは、⑦です。

❹ テープ□の　8ばいの　長さの　テープは、⑦です。

2 右の　おかしを　見て、□に
あてはまる　数を　書きましょう。

1つ20〔40点〕

❶ 2人で　同じ　数に　分けると、

1人分は、16この　□／□で　□こ

❷ 4人で　同じ　数に　分けると、

1人分は、16この　□／□で　□こ

答えは
72ページ

17　はこの　形を　しらべよう

/100点

1 右の　はこの　形に　ついて
答えましょう。　　　　　　1つ15〔45点〕

❶　面は　いくつ
　ありますか。　　　　（　　　　　　）

❷　あの　面の　形は、何と　いう
　四角形ですか。　　　（　　　　　　）

❸　いと　同じ　形の　面は、いの
　ほかに　いくつ　ありますか。
　　　　　　　　　　　（　　　　　　）

2 右の　図を　組み立てると、下の　ア、イ、
ウの　どの　はこが　できますか。　〔15点〕

ア　　　イ　　　ウ

（　　　　　　）

3 ひごと　ねん土玉を　つかって、右のような
はこの　形を　作ります。　　　1つ20〔40点〕

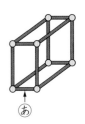

❶　ねん土玉は、何こ
　つかいますか。　　　（　　　　　　）

❷　あと　同じ　長さの　ひごは、
　ぜんぶで　何本　つかいますか。
　　　　　　　　　　　（　　　　　　）

17　はこの　形を　しらべよう

／100点

1 右の　はこの　形に　ついて
答えましょう。　　　　1つ15〔30点〕

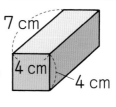
7 cm
4 cm
4 cm

❶　正方形の　面は　いくつ　ありますか。

（　　　　　　　）

❷　へんは　いくつ　ありますか。

（　　　　　　　）

2 右の　図は、はこを
切りひらいて、へんの　長さを
しらべて　かいた　ものです。
切りひらく　前の　はこの　形を
考えて、答えましょう。（　）1つ14〔70点〕

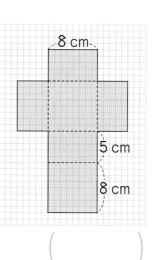
8 cm
5 cm
8 cm

❶　ちょう点は　いくつ
ありましたか。　　（　　　　　　　）

❷　長方形の　面は　いくつ
ありましたか。
（　　　　　　　）

❸　正方形の　面は　いくつ
ありましたか。
（　　　　　　　）

❹　つぎの　長さの　へんは　いくつ　ありましたか。

　あ　5 cm（　　　　　）　　　い　8 cm（　　　　　）

答えは
72ページ

2年の ふくしゅう
力だめし ①

1 つぎの 数を 書きましょう。　　　　1つ4〔12点〕

① 1000を 5こ、10を 8こ
あわせた 数　　　　　　　　（　　　　　　）

② 10を 27こ あつめた 数　（　　　　　　）

③ 1000を 10こ あつめた 数（　　　　　　）

2 つぎの 計算を しましょう。　　　　1つ6〔36点〕

① 27+48　　② 68+85　　③ 76+27

④ 91−67　　⑤ 105−97　　⑥ 162−77

3 つぎの 長さは どれだけですか。　　1つ8〔16点〕

① 7mの ロープから 3m
切りとった 長さ。　　　　　（　　　　　　）

② 7mの ロープに 4m60cmの ロープを
つないだ 長さ。　　　　　　（　　　　　　）

4 つぎの 計算を しましょう。　　　　1つ6〔36点〕

① 5×6　　② 3×7　　③ 4×8

④ 8×5　　⑤ 7×8　　⑥ 9×2

答えは
72ページ

2年の　ふくしゅう
力だめし ②

/100点

1 □に　あてはまる　数を　書きましょう。　1つ10〔40点〕

① 1時間35分＝ [　　] 分　　② 8cm1mm＝ [　　] mm

③ 74dL＝ [　　] L [　　] dL　　④ 9L＝ [　　] dL

2 下の　図で、長方形、正方形、直角三角形は
どれですか。それぞれ　すべて　えらびましょう。1つ10〔30点〕

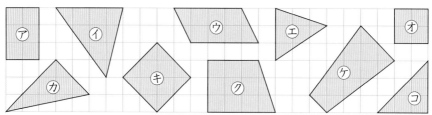

① 長方形　　　　② 正方形　　　　③ 直角三角形

（　　　　　）　（　　　　　）　（　　　　　）

3 右の　はこの　形に　ついて
答えましょう。　1つ15〔30点〕

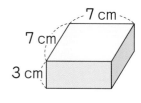

7cm
7cm
3cm

① 正方形の　面は　いくつ
ありますか。　　　　　（　　　　　）

② 長さが　3cmの　へんは
いくつ　ありますか。　　　　（　　　　　）

答えは
72ページ

答え

1

3・4ページ

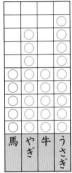

1 ① どうぶつの 数 ③ うさぎ
④ 馬と 牛

	馬	やぎ	牛	うさぎ
				○
	○			○
	○			○
	○			○
	○	○		○
	○	○	○	○
	○	○	○	○
	○	○	○	○
	馬	やぎ	牛	うさぎ

② どうぶつの 数

どうぶつ	馬	やぎ	牛	うさぎ
数	5	8	5	9

★ ★ ★

1 ① 4人
② いちご
③ りんご、もも

2

5・6ページ

1 ① 59 ② 79 ③ 84
2 ① 88 ② 66 ③ 59
④ 71 ⑤ 63 ⑥ 93
3 43+52=95
  答え 95 円

```
  43
+52
  95
```

★ ★ ★

1 ① 94 ② 99
③ 68 ④ 87
⑤ 97 ⑥ 73
2 29+32=61
  答え 61 人

```
  29
+32
  61
```

3 ⑦、⑦、⑦、⑦

3

7・8ページ

1 ① 80 ② 53 ③ 80
④ 60 ⑤ 62 ⑥ 70
2 ① 60 ② 20 ③ 70 ④ 90
3 36+21 17+42 63+12 24+71

42+17 71+24 21+36 12+63

★ ★ ★

1 ① 90 ② 30
③ 92 ④ 50
⑤ 72 ⑥ 80
2 21+19=40
  答え 40 こ

```
  21
+19
  40
```

3 14+47 47+41 41+44 43+7

44+41 7+43 47+14 41+47

9・10ページ

1 ❶ 24 ❷ 62 ❸ 28
2 ❶ 48 ❷ 10 ❸ 4
　 ❹ 53 ❺ 36 ❻ 27
3 88－62＝26
　　　　答え 26 円
$$\begin{array}{r}88\\-62\\\hline 26\end{array}$$

★ ★ ★

1 ❶ 44 ❷ 4 ❸ 94
　 ❹ 60 ❺ 2 ❻ 36
2 ❶ 56－35＝21
　　　　答え 21 円
$$\begin{array}{r}56\\-35\\\hline 21\end{array}$$

　❷ 71－37＝34
　　　答え けしゴム
$$\begin{array}{r}71\\-37\\\hline 34\end{array}$$

5

11・12ページ

1 ❶ 32 ❷ 8 ❸ 6
　 ❹ 64 ❺ 46 ❻ 72
2 ❶ 34 ❷ 9 ❸ 54 ❹ 72
3 57－35　83－40　64－56　49－7

8＋56　22＋35　42＋7　43＋40

★ ★ ★

1 ❶
$$\begin{array}{r}34\\-29\\\hline 5\end{array}$$
❷
$$\begin{array}{r}80\\-14\\\hline 66\end{array}$$
❸
$$\begin{array}{r}92\\-\ \ 4\\\hline 88\end{array}$$

2 ❶ 17 ❷ 8 ❸ 77 ❹ 67
3 20－18＝2　　［ひっ算］　［たしかめ］
　　　答え 2 人
$$\begin{array}{r}20\\-18\\\hline 2\end{array}$$
$$\begin{array}{r}2\\+18\\\hline 20\end{array}$$

6

13・14ページ

1 14＋21＝35　　　答え 35 人
2 39－7＝32　　　答え 32 回
3 9＋18＝27　　　答え 27 本
4 31－25＝6
　　　答え 白い 花が 6 本
　　　　　多く さいて いる。

★ ★ ★

1 45＋38＝83　　　答え 83 こ
2 27－6＝21　　　答え 21 回
3 8＋27＝35　　　答え 35 さつ
4 62－47＝15
　　　答え 赤えんぴつが 15 本 多い。

15・16ページ

1 ❶ 6 cm（60 mm）
　 ❷ 7 cm 5 mm（75 mm）
2 （つぎのように むすぶ。）
　 ❶—エ　　　　❷—ア
　 ❸—イ　　　　❹—ウ
3 ❶ mm　　　❷ cm

★ ★ ★

1 ❶ 62 mm　❷ 45 mm
　 ❸ 54 mm
2 （下の 長さの 直線）
　 ❶ _____
　 ❷ _____
3 ❶ 4　　　❷ 17、1、7
4 ❶ 100　　❷ 6、4
　 ❸ 8　　　❹ 39

8

17・18ページ

1 ❶ 11cm2mm
  ❷ ⓘの 直線が 1cm2mm
  長い。

2 ❶ 28、8   ❷ 5、3
  ❸ 9、9   ❹ 4、2

3 25cm−18cm=7cm 答え 7cm

★ ★ ★

1 ❶ 18、4   ❷ 7、6
  ❸ 4、5   ❹ 8、5
  ❺ 13、1、3

2 ❶ 4cm（40mm）
  ❷ 5cm2mm（52mm）
  ❸ 1cm2mm（12mm）

てびき

2 ❶ 3cm+1cm=4cm
  ❷ 2cm+3cm2mm=5cm2mm
  ❸ 5cm2mm−4cm=1cm2mm

9

19・20ページ

1 ❶ 808   ❷ 400
  ❸ 720   ❹ 611

2 ❶ 7、1、6   ❷ 2、8
  ❸ 308   ❹ 10

3 ❶ⓐ 609 ⓘ 610 ⓤ 613
  ❷ⓔ 700 ⓞ 850 ⓚ 1000

★ ★ ★

1 ❶ 390   ❷ 47
  ❸ 600、50、9

2 ❶ⓐ 550 ⓘ 710 ⓤ 860
  ❷ 200   ❸ 990

❹ 500 600 700 800 900 1000

10

21・22ページ

1 ❶ 6、130
  ❷ 8、50

2 ❶ 110   ❷ 80
  ❸ 900   ❹ 500
  ❺ 420   ❻ 700
  ❼ 508   ❽ 500

3 ❶ <   ❷ >   ❸ >   ❹ >

★ ★ ★

1 ❶ 600   ❷ 90
  ❸ 805   ❹ 900

2 140−70=70   答え 70まい

3 60+90=150   答え 150円

4 ❶ >   ❷ =   ❸ <   ❹ <

5 0、1、2、3

11

23・24ページ

1 ❶ 5dL   ❷ 10dL（1L）

2 ❶ 1000   ❷ 8

3 ❶ 5、4   ❷ 3、3
  ❸ 4、9   ❹ 6、1

4 ❶ L   ❷ mL

★ ★ ★

1 ❶ 1L3dL   ❷ 2L6dL

2 ❶ 70   ❷ 4、9

3 ❶ 5、3   ❷ 4
  ❸ 5、7   ❹ 3、4

4 ❶ <   ❷ >   ❸ <

12

25・26ページ

1 ❶ 2時20分 ❷ 1時20分
❸ 2時50分

2 ❶ 60 ❷ 110
❸ 24 ❹ 1、15

3 ❶ 10分 ❷ 30分 ❸ 2時間

★ ★ ★

1 ❶ 午前8時 ❷ 7時間

2 ❶ 120 ❷ 1、5
❸ 12 ❹ 12

3 ❶ 8時50分 ❷ 10時40分

13

27・28ページ

1 ❶ 16+(7+3)
❷ 26

2 ❶ 29 ❷ 47 ❸ 38 ❹ 46

3 ❶ 63 ❷ 65 ❸ 47 ❹ 59

★ ★ ★

1 ❶ 59 ❷ 57 ❸ 45
❹ 89 ❺ 73 ❻ 97

2 14+19+11=44 または
14+(19+11)=44 答え 44人

3 ❶ 71 ❷ 25 ❸ 52
❹ 39 ❺ 84 ❻ 45

てびき 1 ❹ 28+59+2
=59+28+2
=59+(28+2)=59+30
=89
❻ 25+47+25=47+25+25
=47+(25+25)=47+50
=97

14

29・30ページ

1 ❶ 135 ❷ 134 ❸ 119
❹ 113 ❺ 127 ❻ 139

2 84+30=114   84
答え 114円   ＋30
114

3 ❶ 144 ❷ 150 ❸ 103
❹ 105 ❺ 104 ❻ 100

★ ★ ★

1 ❶ 119 ❷ 133
❸ 166 ❹ 100
❺ 102 ❻ 100

2 95+8=103   95
答え 103こ   ＋ 8
103

3 ㋒、㋔

15

31・32ページ

1 ❶ 62 ❷ 90 ❸ 93
❹ 97 ❺ 68 ❻ 96

2 ❶ 90 ❷ 58 ❸ 91 ❹ 94

3 108-29=79   108
答え 79本   － 29
79

★ ★ ★

1 ❶ 91 ❷ 73 ❸ 16 ❹ 78
❺ 89 ❻ 91 ❼ 25 ❽ 98

2 ❶ 37+45=82 答え 82円
❷ 100-82=18 答え 18円

【ひっ算】   【たしかめ】
100   18
－ 82   ＋82
18   100

16 33・34ページ

1 ❶ 677 ❷ 241
❸ 375 ❹ 726
2 ❶ 767 ❷ 422 ❸ 555
❹ 930 ❺ 648 ❻ 846
3 435＋62＝497

答え 497 円

```
  4 3 5
＋  6 2
─────
  4 9 7
```

★ ★ ★

1 ❶ 899 ❷ 656 ❸ 477
❹ 310 ❺ 545 ❻ 738
2 ❶ 777 ❷ 433
❸ 693 ❹ 553
❺ 917 ❻ 307
3 284－78＝206

答え 206 まい

```
  2 8 4
－  7 8
─────
  2 0 6
```

17 35・36ページ

1 ㋐、㋑、㋔に ○
2 ❶ へん ❷ ちょう点
❸ 三角 ❹ 四角
3 ❶【れい】 ❷【れい】

★ ★ ★

1 ❶ ㋐、㋘、㋛
❷ ㋑、㋒、㋞、㋤
❸ ㋓、㋔、㋖、㋗
2 ❶ 3、3 ❷ 4、4
3 【れい】直線では ない
線が あるから。

18 37・38ページ

1 ㋐、㋛
2 ❶ 直角、へん ❷ 直角三角形
3 ❶ ㋖、㋘ ❷ ㋐、㋙
❸ ㋛、㋗

★ ★ ★

1 ❶
【れい】

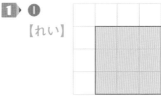

❷
【れい】

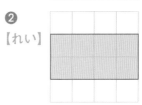

2 2つ
3 ❶ 5 ❷ 4 ❸ 7 ❹ 7

19 39・40ページ

1 ❶ 2人ずつ
❷あ 6人 ⓘ 10人
❸ 2×6＝12 答え 12人
2 ❶ 2×3＝6 答え 6こ
❷ 4×3＝12 答え 12こ
❸ 6×3＝18 答え 18こ

★ ★ ★

1 ㋑
2 ❶ 4、20
❷ 7、7、7、21
3 ❶ 5×3＝15 答え 15人
❷ 2×6＝12 答え 12本

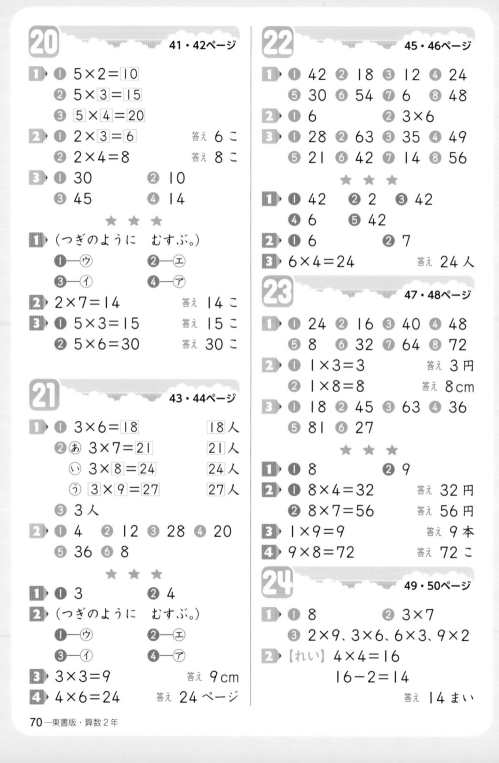

20
41・42ページ

1 ① 5×2=[10]
② 5×3=[15]
③ [5]×[4]=[20]

2 ① 2×[3]=[6]　　答え 6こ
② 2×4=8　　答え 8こ

3 ① 30　　② 10
③ 45　　④ 14

★ ★ ★

1 (つぎのように むすぶ。)
①―ウ　　②―エ
③―イ　　④―ア

2 2×7=14　　答え 14こ

3 ① 5×3=15　　答え 15こ
② 5×6=30　　答え 30こ

21
43・44ページ

1 ① 3×6=[18]　　[18]人
②あ 3×7=[21]　　[21]人
　い 3×8=[24]　　[24]人
　う [3]×[9]=[27]　　[27]人
③ 3人

2 ① 4　② 12　③ 28　④ 20
⑤ 36　⑥ 8

★ ★ ★

1 ① 3　　② 4

2 (つぎのように むすぶ。)
①―ウ　　②―エ
③―イ　　④―ア

3 3×3=9　　答え 9cm

4 4×6=24　　答え 24ページ

22
45・46ページ

1 ① 42　② 18　③ 12　④ 24
⑤ 30　⑥ 54　⑦ 6　⑧ 48

2 ① 6　　② 3×6

3 ① 28　② 63　③ 35　④ 49
⑤ 21　⑥ 42　⑦ 14　⑧ 56

★ ★ ★

1 ① 42　② 2　③ 42
④ 6　⑤ 42

2 ① 6　　② 7

3 6×4=24　　答え 24人

23
47・48ページ

1 ① 24　② 16　③ 40　④ 48
⑤ 8　⑥ 32　⑦ 64　⑧ 72

2 ① 1×3=3　　答え 3円
② 1×8=8　　答え 8cm

3 ① 18　② 45　③ 63　④ 36
⑤ 81　⑥ 27

★ ★ ★

1 ① 8　　② 9

2 ① 8×4=32　　答え 32円
② 8×7=56　　答え 56円

3 1×9=9　　答え 9本

4 9×8=72　　答え 72こ

24
49・50ページ

1 ① 8　　② 3×7
③ 2×9、3×6、6×3、9×2

2 【れい】 4×4=16
16-2=14
答え 14まい

てびき **2** 4×3=12、
12+2=14 や 2×4=8、
2×3=6、8+6=14 などとし
ても、正解となります。

★ ★ ★

1 ● エ　　　　● 12cm
2 (つぎのように　むすぶ。)
　　●—① 　　　　●—エ
　　●—⑦ 　　　　●—⑦
3 ● 3、39 　　　● 39

てびき **1** ● ⑦のテープの長さ
は、⑦のテープの3倍の長さです。
4×3=12 より、12cm

25

51・52ページ

1 8015
2 ●6 ●9 ●0 ●4
3 ● 1573 　　● 4309
　　● 3764 　　● 6002
4 ● 7000、30、9
　　● 4000、20

★ ★ ★

1 ● 7003 　　● 3、6、8
　　● 3748
　　● 8000、200、70
2 ● 2105 　　● 3000

てびき **2** ● 100 が 10 個あると
きは、まとめて 1000 にして千の
位に移動します。
● 1 が 10 個で 10、10 が 10 個で
100、100 が 10 個で 1000 です。

26

53・54ページ

1 ● 1500 　　● 27
2 ● 2000 ● 9990 ● 10こ
3 ● 100
　　● あ 5300 ① 7500 ⑦ 9800
　　● 5000 6000 7000 8000 9000 10000

★ ★ ★

1 ● 1300 　　● 1200
　　● 400 　　　● 700
2 ● 8900 　　● 9999
3 ● < 　　　● <
4 ●あ 9992 ① 9997 ⑦ 10000
　　●え 4930 お 4980
　　●か 9200 き 9500 ① 9700

27

55・56ページ

1 ● 120cm 　　● 20cm
2 ● 3 　　　　● 180
3 ● 7、30 　　● 3、9
4 ● cm 　　　● m

★ ★ ★

1 ● 8 ● 130、1、30 ● 700
　　● 2、95 ● 675 ● 3、60
2 105cm、1m5cm

てびき **2** 35cm のテープ 3本の
長さは、
35cm＋35cm＋35cm=105cm
105cm=100cm＋5cm
　　　　=1m5cm

東書版・算数2年—**71**

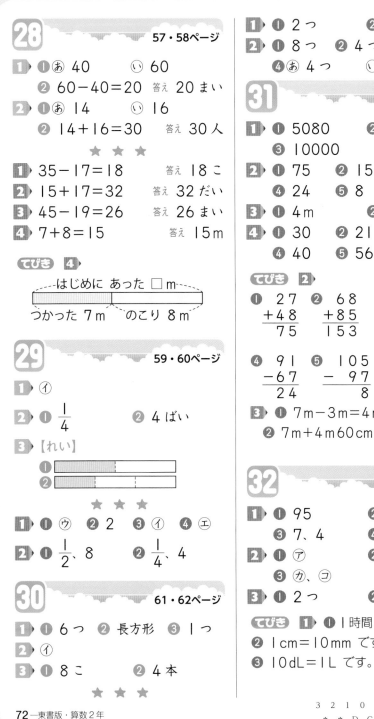

28

57・58ページ

1▶ ❶ ⓐ 40　　ⓘ 60
　　❷ 60−40=20　答え 20 まい

2▶ ❶ ⓐ 14　　ⓘ 16
　　❷ 14+16=30　答え 30 人

★ ★ ★

1▶ 35−17=18　　答え 18 こ

2▶ 15+17=32　　答え 32 だい

3▶ 45−19=26　　答え 26 まい

4▶ 7+8=15　　答え 15 m

てびき 4▶

　　──はじめに あった □ m──
　つかった 7 m　のこり 8 m

29

59・60ページ

1▶ ⓘ

2▶ ❶ $\frac{1}{4}$　　❷ 4 ばい

3▶ 【れい】
❶
❷

★ ★ ★

1▶ ❶ ⓦ　❷ 2　❸ ⓘ　❹ ⓔ

2▶ ❶ $\frac{1}{2}$、8　❷ $\frac{1}{4}$、4

30

61・62ページ

1▶ ❶ 6つ　❷ 長方形　❸ 1つ

2▶ ⓘ

3▶ ❶ 8こ　　❷ 4本

★ ★ ★

1▶ ❶ 2つ　　❷ 12

2▶ ❶ 8つ　❷ 4つ　❸ 2つ
　　❹ ⓐ 4つ　　ⓘ 8つ

31

63ページ

1▶ ❶ 5080　❷ 270
　　❸ 10000

2▶ ❶ 75　❷ 153　❸ 103
　　❹ 24　❺ 8　❻ 85

3▶ ❶ 4 m　　❷ 11 m 60 cm

4▶ ❶ 30　❷ 21　❸ 32
　　❹ 40　❺ 56　❻ 18

てびき 2▶

❶　27
　 +48
　　75

❷　68
　 +85
　153

❸　76
　 +27
　103

❹　91
　−67
　24

❺　105
　− 97
　　8

❻　162
　− 77
　 85

3▶ ❶ 7 m−3 m=4 m
　　❷ 7 m+4 m 60 cm=11 m 60 cm

32

64ページ

1▶ ❶ 95　　❷ 81
　　❸ 7、4　❹ 90

2▶ ❶ ⑦　　❷ ⑦、⑰
　　❸ ⑰、⑳

3▶ ❶ 2つ　　❷ 4つ

てびき 1▶ ❶ 1時間=60分 です。
❷ 1 cm=10 mm です。
❸ 10 dL=1 L です。

3 2 1 0 9 8 7 6 5 4
* * D C B A

もくじ ひき算１ねん

ひきざんの　ひょう

ひきざんの　ひょう

ひく0	ひく1	ひく2	ひく3	ひく4
0−0＝0				
1−0＝1	1−1＝0			
2−0＝2	2−1＝1	2−2＝0		
3−0＝3	3−1＝2	3−2＝1	3−3＝0	
4−0＝4	4−1＝3	4−2＝2	4−3＝1	4−4＝0
5−0＝5	5−1＝4	5−2＝3	5−3＝2	5−4＝1
6−0＝6	6−1＝5	6−2＝4	6−3＝3	6−4＝2
7−0＝7	7−1＝6	7−2＝5	7−3＝4	7−4＝3
8−0＝8	8−1＝7	8−2＝6	8−3＝5	8−4＝4
9−0＝9	9−1＝8	9−2＝7	9−3＝6	9−4＝5

ひく5	ひく6	ひく7	ひく8	ひく9
5−5＝0				
6−5＝1	6−6＝0			
7−5＝2	7−6＝1	7−7＝0		
8−5＝3	8−6＝2	8−7＝1	8−8＝0	
9−5＝4	9−6＝3	9−7＝2	9−8＝1	9−9＝0

3つの　かずの　けいさん

8ひき のって います。 1ぴき おりました。　3びき のります。

8−1　　　　　8−1＋3